FORSCHUNGSBERICHTE DES LANDES NORDRHEIN-WESTFALEN

Nr. 2861/Fachgruppe Maschinenbau/Verfahrenstechnik

Herausgegeben vom Minister für Wissenschaft und Forschung

Prof. Dr. Reimar Pohlman †

Dr.-Ing. Joachim Herbertz
Gesamthochschule Duisburg
Fachbereich 9 - Ultraschalltechnik

Untersuchungen über ein Prüfverfahren
für Oberflächenrisse an zylindrischen metallischen
Prüflingen mit Hilfe berührungslos
elektrodynamisch gesendeter und
empfangener Oberflächenwellen

Westdeutscher Verlag 1979

CIP-Kurztitelaufnahme der Deutschen Bibliothek

Pohlman, Reimar:
Untersuchungen über ein Prüfverfahren für Oberflächenrisse an zylindrischen metallischen Prüflingen mit Hilfe berührungslos elektrodynamisch gesendeter und empfangener Oberflächenwellen / Reimar Pohlman ; Joachim Herbertz. - Opladen : Westdeutscher Verlag, 1979.
 (Forschungsberichte des Landes Nordrhein-Westfalen ; Nr. 2861 : Fachgruppe Maschinenbau, Verfahrenstechnik)
 ISBN-13: 978-3-531-02861-3   e-ISBN-13: 978-3-322-88462-6
 DOI: 10.1007/978-3-322-88462-6
NE: Herbertz, Joachim:

© 1979 by Westdeutscher Verlag GmbH, Opladen
Gesamtherstellung: Westdeutscher Verlag

Inhalt

1.	Einleitung und Problemstellung	1
2.	Aufbau und Erprobung der Versuchseinrichtungen ..	4
2.1	Die Sende- und Empfangsantennen	4
2.1.1	Die Auslegung der Antennen	4
2.1.2	Die Fertigungseinrichtung	8
2.1.3	Der Aufbau des Antennensystems	11
2.2	Die Erzeugung des Magnetfeldes	13
2.2.1	Allgemeines	13
2.2.2	Der Aufbau des Elektromagneten	13
2.2.3	Die Versorgung des Elektromagneten	16
2.3	Der Drehstromsender	17
2.3.1	Allgemeines	17
2.3.2	Die digitale Signalerzeugung	18
2.3.3	Die Leistungsverstärker	23
2.4	Der Richtempfang	26
2.4.1	Allgemeines	26
2.4.2	Die Empfängerschaltungen	29
2.5	Die Erprobung der Versuchseinrichtung	33
3.	Zusammenfassung	35
4.	Literatur	36
5.	Bildanhang	37

1. Einleitung und Problemstellung

Im Vergleich zu piezoelektrischen Wandlern läßt der Einsatz von berührungslosen elektrodynamischen Wandlern [1] für die zerstörungsfreie Prüfung von metallischen Werkstoffen bestimmte Vorteile erwarten, z.B.: reproduzierbare und zuverlässige Ankopplung nahezu unabhängig von der Qualität der Oberfläche des Prüflings, weitgehende Unempfindlichkeit gegen hohe Temperatur des Prüflings durch berührungslose Wirkungsweise und die einfache Anpassung an bestimmte Schwingungsmoden durch entsprechende geometrische Anordnung der Induktionsleiter.

Diesen Vorteilen steht als entscheidender Nachteil gegenüber, daß die wesentlich schwächere Kopplung zwischen Prüfling und elektrodynamischem Wandler zu um ca. 50 dB schwächeren Empfangssignalen führt. Diese Verschlechterung des Signal- zu Rauschverhältnisses im Vergleich zu konventionellen Wandlern macht die Weiterentwicklung bzw. Neuentwicklung von Prüfverfahren mit berührungslosen Wandlern erforderlich.

Das Signal- zu Rauschverhältnis bei Einsatz berührungsloser elektrodynamischer Wandler wird in Abhängigkeit vom jeweiligen Prüfverfahren im wesentlichen durch die drei Parameter Frequenzbandbreite, Magnetfeldstärke und elektrische Sendeleistung bestimmt. Daraus folgt, daß die überwiegend angewandten Impuls-Echo-Prüfverfahren eine gewaltige Steigerung der elektrischen Sendeleistung bei gleichzeitiger Verwendung stärkster Magnetfelder erfordern.

Als Alternative zu Impuls-Echoverfahren können extrem schmalbandige Dauerschall-Prüfverfahren in Betracht gezogen werden. Hierbei ist ein entsprechend der geringen Bandbreite stark reduziertes Rauschen zu erwarten. Da in diesem Falle aber Sender und Empfänger gleichzeitig betrieben werden müssen, tauchen Probleme durch die Störstrahlung zwischen Sende- und Empfangsantennen auf. Da diese Störstrahlung grundsätzlich nicht durch Abschirmungen unterdrückt werden kann, muß durch spezielle Signalerzeugungs- und Empfangsverfahren sichergestellt werden, daß die an Ungänzen gestreute Signalenergie im Empfänger vom Störsignal getrennt werden kann.

Diese Trennung kann z.B. durch Modulation des Sendesignals und
Ausnutzung der unterschiedlichen Laufzeiten von elektromagnetischem Störsignal und akustischem Nutzsignal erfolgen.

Eine andere Möglichkeit zur Trennung von Störstrahlung und
Nutzsignalen beruht auf der Eigenschaft von elektrodynamischen
Wandlern, daß die elektromechanische Kopplung linear von der
magnetischen Induktion abhängt. Wird für den elektrodynamischen
Wandler anstelle eines Gleichfeldes ein magnetisches Wechselfeld mit der Frequenz Ω benutzt, so werden beim Sende- und Empfangsvorgang Seitenbänder erzeugt. Diese Eigenschaft kann zur
Trennung von Nutz- und Störsignalen verwendet werden.

Ein Prüfverfahren, das auf diesem Zusammenhang beruht, ist Gegenstand der vorliegenden Untersuchungen. Der Signalfluß dieses
Verfahrens ist schematisch in Abb. 1 dargestellt.

Die Magnetisierungsströme I_m des elektrodynamischen Senders und
des Empfängers werden von einem NF-Generator mit der Frequenz Ω
erzeugt. Ein HF-Generator erzeugt im Sender die Hochfrequenzströme I_{HF}. Die Steuerung des Senders durch die NF-Magnetisierungsströme I_m bewirkt die kontinuierliche Abstrahlung von zwei
Schallwellen mit den Frequenzen $\omega - \Omega$ und $\omega + \Omega$.

Anordnung und Richtcharakteristiken des Senders und des Empfängers bzw. die Selektivität des Empfängers für bestimmte akustische Moden werden so gewählt, daß die kontinuierlich abgestrahlten Schallwellen nicht empfangen werden können, wenn an Ungänzen keine Reflexion bzw. Modumwandlung stattfindet.

Die Steuerung des Empfängers durch die NF-Magnetisierungsströme
I_m bewirkt, daß bei Empfang von Schallwellen mit den Frequenzen
$\omega - \Omega$ und $\omega + \Omega$ eine hochfrequente Spannung U_{HF} entsteht, die
die Frequenzen $\omega - 2\Omega$, ω und $\omega + 2\Omega$ enthält. Zu diesen Spannungen kommt im allgemeinen noch ein erheblicher Störstrahlungsanteil mit der Frequenz ω.

Der vom HF-Generator ebenfalls mit der Frequenz ω gesteuerte
elektrische Modulator verarbeitet das Signal aus dem Empfänger
zu einem Frequenzgemisch, das außer einem Gleichspannungsanteil
die Frequenz 2Ω und Hochfrequenzanteile enthält. Der Anteil mit
der Frequenz 2Ω wird mit einem auf diese niedrige Frequenz abgestimmten Bandpaß abgetrennt und zur Anzeige gebracht. Die

Größe dieses von der Störstrahlung nicht beeinflußten Anteils mit der Frequenz 2Ω ist ein Maß für die Amplitude der vom Empfänger kontinuierlich empfangenen Ultraschallwellen und dient zur Fehleranzeige.

Die Notwendigkeit, zur Erzeugung von einseitigen Richtwirkungen im Sender und im Empfänger hochfrequenten Mehrphasenstrom einzusetzen und für die Empfangssignale eine phasenwinkelunabhängige Mehrphasendemodulation durchzuführen, führt sowohl bei den Wandlern als auch bei der elektrischen Signalverarbeitung zu zusätzlichen Problemen, deren Lösung in dieser Arbeit ebenfalls untersucht wird. Die in diesem Zusammenhang gewonnenen Erkenntnisse und Lösungen dürften auch im Hinblick auf andere als das in der vorliegenden Arbeit untersuchte Dauerschallverfahren von Bedeutung sein.

2. Aufbau und Erprobung der Versuchseinrichtungen

2.1 Die Sende- und Empfangsantennen

2.1.1 Die Auslegung der Antennen

Die Antennen sollen zur Erzeugung und zum Empfang von Schraubenwellen auf zylindrischen Stäben im axialen Magnetfeld benutzt werden. Da Orte gleicher Phase bei Schraubenwellen auf Schraubenlinien liegen, wird eine Anpassung der Wandlergeometrie in diesem Falle dadurch erreicht, daß auch die Induktionsleiter der Antennen auf Schraubenlinien um den Stab gelegt werden.

Schraubenwellen werden charakterisiert durch ihren Drehsinn, ihre Ausbreitungsrichtung in bezug auf die Richtung Stabachse und durch ihre Periodenzahl m. Bei einem geschlossenen Umlauf um die Stabachse ändert sich der Phasenwinkel um $2\pi m$. Schraubenwellen sind nur ausbreitungsfähig, wenn die positiv definierte Periodenzahl m einen ganzzahligen Wert besitzt.

Betrachtet man die Ausbreitung von Oberflächenwellen auf der Oberfläche eines zylindrischen Stabes, so hängt ihre Ausbreitungsgeschwindigkeit c nicht nur von der Frequenz f und dem Stabdurchmesser d ab, sondern auch vom Winkel ψ zwischen der Umfangsrichtung und der Ausbreitungsrichtung. Da die Orte gleicher Phase senkrecht zur Ausbreitungsrichtung stehen, liegt der Winkel ψ auch zwischen der Achsenrichtung und den Orten gleicher Phase. Der Zusammenhang zwischen diesen Größen wird durch Gl. (1) wiedergegeben.

$$m = \pi d \frac{f}{c} \cos \psi \tag{1}$$

Für einen bestimmten Wert des Produktes von Frequenz f und Durchmesser d ergeben sich nur für ganz bestimmte Ausbreitungswinkel ψ ganzzahlige Werte von m, die für die Schraubenmoden kennzeichnend sind.

Die Ganglänge l_G wird entlang der Stabachse zurückgelegt, wenn eine Schraubenlinie, auf der Orte gleicher Phase liegen, den Stab einmal umläuft. Für die Anpassung der Antennengeometrie an eine Schraubenwelle ist die **Ganglänge l_G** ein wesentliches Konstruktionsmerkmal, dessen Wert unabhängig vom Durchmesser der Antenne ist. Für den Zusammenhang von Ganglänge l_G, Stabdurchmesser d und Ausbreitungswinkel ψ gilt Gl.(2)

$$l_G = \pi d / tg\, \psi \qquad (2)$$

Der Ausbreitungswinkel ψ kann in Gl.(2) nicht mit Hilfe von Gl.(1) eliminiert werden, weil die Ausbreitungsgeschwindigkeit c in Gl.(1) ebenfalls winkelabhängig ist. Zur Ermittlung der Abhängigkeit der Ganglänge von Frequenz und Durchmesser muß die Winkelabhängigkeit der Ausbreitungsgeschwindigkeit von Oberflächenwellen auf Stäben bekannt sein.

Für mit dem Ausbreitungswinkel $\psi = 0$ in zylindrischen Oberflächen umlaufende Wellen, die sich wie RAYLEIGH-Wellen verhalten, hat VIKTOROV [2] das Verhältnis von Ausbreitungsgeschwindigkeit c zu Ausbreitungsgeschwindigkeit c_r von RAYLEIGH-Wellen auf ebenen Oberflächen berechnet. Dieses Verhältnis hängt von der Periodenzahl m und der Querkontraktionszahl μ ab.

Aus den von POCHHAMMER [3] abgeleiteten Gleichungen für Longitudinalschwingungen von Stäben hat BANCROFT [4] für den ersten Longitudinalmod die Abhängigkeit der Ausbreitungsgeschwindigkeit vom Verhältnis Stabdurchmesser zu Wellenlänge berechnet. Nur bei Frequenzen, für die der Stabdurchmesser nicht groß gegen die Wellenlänge ist, weicht die Ausbreitungsgeschwindigkeit stark von der Ausbreitungsgeschwindigkeit von RAYLEIGH-Wellen ab.

Da die Ausbreitungsgeschwindigkeit c aus Symmetriegründen für die Ausbreitungswinkel $\psi = 0°$ und $\psi = 90°$ Extrema durchläuft, wird zur Abschätzung der Abhängigkeit der Ausbreitungsgeschwindigkeit c vom Ausbreitungswinkel ψ bei gegebener Frequenz Gl.(3) als Näherung benutzt.

$$c(\psi) = c_o + c_1 \cos(2\psi) \qquad (3)$$

Aus den bekannten Werten für $\psi = 0°$ und $\psi = 90°$ auf Aluminiumstäben lassen sich für Schraubenwellen mit m = 3 und $\psi = 45°$ die folgenden Werte ermitteln: $c_o = 3,39$ km/s und $c_1 = 0,34$ km/s.

Von diesen Werten ausgehend können nunmehr unter Benutzung der Gl. (1) bis (3) die Zusammenhänge zwischen der Periodenzahl m, dem Produkt von Frequenz f und Durchmesser d und dem Ausbreitungswinkel ψ bzw. der normierten Ganglänge l_G / d berechnet werden.

Die Ergebnisse dieser Berechnungen sind in den Abb. 2 und 3 dargestellt.

Obwohl für die vorliegenden Untersuchungen die Festlegung eines Wertes für die Periodenzahl m und eines Ausbreitungswinkels ψ ausreichend war, wurde die Antennengeometrie auch im Hinblick auf mögliche alternative Dauerschallverfahren und eine zusätzliche Auswertung von Nachbarmoden ausgelegt.

Durch den zu empfangenden Mod mit der höchsten Periodenzahl wird, wie aus den Abb. 2 und 3 ersichtlich ist, einerseits eine untere Grenze für den Wert des Produktes von Frequenz und Durchmesser gesetzt. Andererseits darf dieser Wert im Hinblick auf eine gleichmäßige Besetzung der Ausbreitungswinkel die untere Grenze nur wenig überschreiten.

Da von einer Periodenzahl m = 3 ausgehend auch Antennen für Moden mit m = 2 und m = 4 vorgesehen wurden, wurde nach den obigen Gesichtspunkten für die Gesamtauslegung des Antennensystems ein Wert von 5,6 km/s für das Produkt von Frequenz und Durchmesser von Aluminiumstäben gewählt. Dieser Wert ist in die Abb. 2 und 3 eingezeichnet.

Aus dieser Auslegung folgt für den Mod mit m = 3 ein Ausbreitungswinkel ψ von 56°, während sich für die Moden mit m = 2 bzw. m = 4 Ausbreitungswinkel von 69° bzw. 38° ergeben. Durch geeignete Wahl der Frequenz können diese Ausbreitungswinkel auch bei anderen Werkstoffen festgelegt werden, so daß die gleiche Antenne an verschiedenen Werkstoffen eingesetzt werden kann.

Da die Induktionsleiter der Antennen die Oberfläche nicht berühren dürfen, müssen die Induktionsleiter auf einer Zylinderfläche mit einem im Vergleich zum Stabdurchmesser vergrößerten Durchmesser angeordnet werden. Dies hat zur Folge, daß sich der Ausbreitungswinkel eines Mods vom Steigungswinkel des zugehörigen Induktionsleiters unterscheiden muß, während die Ganglänge l_G für beide gleich groß ist.

Für einen Stabdurchmesser d von 20 mm ergibt sich aus Abb. 2 bei einem Wert von 5,6 km/s für das Produkt von Frequenz und Durchmesser eine Ganglänge von 24 mm für den Mod mit m = 2, eine Gang-

länge von 43 mm für den Mod mit m = 3 und eine Ganglänge von
81 mm für den Mod mit m = 4.

Da die Stärke der elektroakustischen Kopplung der Antennen
ihrer Ausdehnung entlang der Stabachse proportional ist, wurden
die Wandlerkonstanten der Antennen dadurch aneinander angeglichen, daß für die Antenne für den Mod mit m = 2 eine Länge von
3 l_G, für die Antenne für den Mod mit m = 3 eine Länge von 2 l_G
und für die Antenne für den Mod mit m = 4 eine Länge von l_G gewählt wurde.

Da die Winkelbreite der Hauptkeulen der Richtcharakteristik von
Schraubenwellen-Wandlern dem Produkt von Periodenzahl m und
Anzahl der Schraubengänge umgekehrt proportional ist, folgen aus
der obigen Dimensionierung für alle Antennen auch ähnliche
Richtwirkungen.

Zur Vermeidung unnötiger bzw. störender Induktivitäten müssen
die Induktionsleiter einer Antenne paarweise in hin- und rückführender Richtung mäanderförmig miteinander verbunden werden.

Da der Richtungsunterschied zweier benachbarter Induktionsleiter
einem Phasenunterschied von 180° entspricht, muß der auf die
Symmetrieachse bezogene Winkelabstand zweier benachbarter zum
Mod m gehöriger Induktionsleiter 180°/m betragen.

Für die eindeutige Bestimmung des Ortes, an dem sich eine Ungänze befindet, ist bei Dauerschallverfahren ebenso wie bei Impuls-Echoverfahren eine einseitige Richtwirkung von Sender
und Empfänger erforderlich. Diese Richtwirkung kann bei Antennen nur durch phasenverschobenen Betrieb von Antennengruppen
erzielt werden. Die einfachste Lösung ist der um 90° phasenverschobene Betrieb von zwei geometrisch identischen, aber in Ausbreitungsrichtung der Wellen um 1/4 Wellenlänge verschobenen
Antennen. Dies bedeutet bei Antennen für Schraubenmoden eine
interdigitale Anordnung der Induktionsleiter unter auf die
Mittelachse bezogenen Winkelabständen von 90°/m, bei der jeweils
zwei benachbarte Induktionsleiter mit 90° Phasenverschiebung
betrieben werden.

Die Qualität der einseitigen Richtwirkung von Antennen wird
durch den aus dem Verhältnis zwischen Vorwärtsempfindlichkeit
und Rückwärtsempfindlichkeit gebildeten Richtfaktor gekennzeich-

net. So führt z.B. ein Phasenfehler γ in der Phasenverschiebung
zu einer Verringerung des Richtfaktors auf ctg (γ / 2). Die
gleiche Verschlechterung tritt auf, wenn der Lagefehler einer
Antennengruppe multipliziert mit der Wellenzahl den Phasenwinkel γ ergibt. Bei einer Wellenlänge von 3 mm ergibt ein
Lagefehler von 0,01 mm einen Richtfaktor 100, während ein Lagefehler von 0,1 mm nur noch einen Richtfaktor 10 ergibt. Da für
das untersuchte Dauerschall-Prüfverfahren die erreichbare Empfindlichkeit in der Ortung von Ungänzen durch den Richtfaktor
begrenzt wird, müssen die Antennen aus Induktionsleitern mit
größtmöglicher Lagegenauigkeit aufgebaut werden.

2.1.2 Die Fertigungseinrichtung

Für die Fertigung der Antennengruppen wurde zunächst das Verfahren untersucht, Kupferlackdrähte in schraubenförmig gefräste
Nuten auf einen zylindrischen Wickelkörper aus Kunststoff ein-
zubringen. Durch unvermeidbare Teilungsfehler, Schwankungen
der Nutbreite, Verformungen der Drähte- und Verzugserscheinun-
gen ergaben sich jedoch in bezug auf die geforderte Lagenau-
igkeit der Induktionsleiter nicht akzeptable Fehler.

Andere Lösungen des Genauigkeitsproblems, z.B. durch präzisen
Spritzguß des Wickelkörpers oder durch Anwendung von optischen
Zeichenverfahren für die Herstellung gedruckter Schaltungen
auf einem zylindrischen Träger waren wegen des erforderlichen,
den Rahmen der vorliegenden Untersuchungen übersteigenden Ent-
wicklungsaufwandes ausgeschlossen.

Als gangbarer Weg erwies sich die Herstellung der Antennen aus
selbstklebenden Cu-Leiterbahnen auf einer speziell für diesen
Zweck konstruierten Wickelmaschine.

Die Wickelmaschine in Abb. 4 entspricht in ihrem grundsätzlichen Aufbau einer Drehmaschine. Ein Support, der ein winkel-
und höheneinstellbares Magazin für die Leiterbahnen oder ein
Schleifgerät aufnimmt, wird von einer Leitspindel in axialer
Richtung verschoben.

Das Getriebe ist aus standardisierten geradeverzahnten Stirn-
zahnrädern des Moduls 1 aufgebaut. Die Leitspindel treibt über

ein zweistufiges Wechselrad-Vorgelege das in Abb. 5 gezeigte Schieberad-Wendegetriebe, das je nach Stellung eines Schaltfingers das Vorgelege des Futters vorwärts oder rückwärts antreibt oder in einer Mittelstellung frei laufen läßt, während gleichzeitig durch Selbstblockierung die Leitspindel fixiert wird. Durch eine mit dem Vorgelege des Futters verbundene Indexscheibe, die den Schaltfinger nur in bestimmten Winkelstellungen nicht in seiner jeweiligen Stellung blockiert, ist eine Kopplung von Leitspindel und Futter nur unter bestimmten Teilungswinkeln möglich.

Durch eine Untersetzung von 4 : 1 zwischen Indexscheibe und Futter bestimmt eine axiale Freinut auf dem Umfang der Indexscheibe gerade vier Winkelstellungen für das Futter in je $90°$ Abstand, in denen das Schieberad-Getriebe eingerückt werden kann. Bei m auf dem Umfang der Indexscheibe gleichmäßig verteilten Freinuten ist das Getriebe daher für das Abwickeln von Schraubenlinien im Teilungswinkelabstand $90°/m$ entsperrt. Hierbei ist die Genauigkeit der Teilung nur durch die Qualität der Zahnräder bestimmt. Der Antrieb des Futters über das Vorgelege wurde so ausgelegt, daß pro Umdrehung des Futters im Schaltgetriebe 240 Einrückstellungen der Zahnräder gegeben sind. Daher können je nach Freigabe durch die Indexscheibe Winkelteilungen für Richtantennen für alle Moden, deren Periodenzahl m als Faktor in 60 enthalten ist, mit hoher Genauigkeit und Reproduzierbarkeit ausgeführt werden. Diese Periodenzahlen sind: 1,2,3,4,5,6,10,12,15,20,30 und 60.

Das in Abb. 6 gezeigte zweistufige Wechselrad-Vorgelege zwischen Leitspindel und Schaltgetriebe ist ebenso wie die Indexscheibe und der Schaltfinger außerhalb des Getriebekastens angeordnet und bestimmt den Zusammenhang zwischen Umdrehung des Futters und Vorschub des Supports und dadurch die Ganglänge l_G.

Aus der Steigung der Leitspindel und den festen Übersetzungsverhältnissen des Getriebes folgt die Ganglänge l_G in Abhängigkeit von den Zähnezahlen Z_1 und Z_{12} des einen Wechselradpaares und von Z_{21} und Z_{22} des anderen Wechselradpaares gemäß Gl.(4).

$$l_G = \frac{Z_{11} Z_{21}}{Z_{12} Z_{22}} \cdot \frac{160}{3} \text{ mm} \tag{4}$$

Die Zähnezahlen der Wechselradsätze wurden so gewählt, daß sich eine enge Staffelung der Werte für die Ganglänge l_G ergibt. Wie in Abb. 7 dargestellt, beträgt im Bereich von ca. 7 bis 170 mm der relative Unterschied zweier benachbarter Werte der Ganglänge weniger als 8 %, d.h. theoretisch geforderte Werte für die Ganglänge lassen sich mit einer Abweichung von maximal 4 % unter Verwendung von nur acht Wechselradpaaren realisieren.

Die Wechselräder werden durch konische Zapfenkupplungen, die mit Hilfe von Flügelmuttern gespannt werden, spielfrei miteinander und mit den An- und Abtriebswellen verbunden. Teilungsfehler der Wechselräder können zwar einen ungleichmäßigen Vorschub des Supports in bezug auf den Drehwinkel des Futters ergeben, aber davon werden alle Induktionsleiterbahnen in gleicher Weise betroffen, so daß diese möglichen Ungenauigkeiten nicht zu einer Verschlechterung der Richtwirkung führen können.

Durch paarweise im Getriebekasten vorgespannte Rillenkugellager wird eine eindeutige axiale Fixierung sowohl der Leitspindel als auch des Futters sichergestellt. Rillenkugellager werden außerdem in der Endplatte des Maschinengestells und in einer mitlaufenden Stützplatte zur genauen radialen Führung von Leitspindel und Antennenträger eingesetzt. Alle anderen Wellen sind in beiden Stirnplatten des Getriebekastens gleitgelagert und durch Seegerringe axial gesichert.

Durch eine spielfreie Kupplung kann der in Abb. 8 gezeigte Support von der Führungsmutter auf der Leitspindel gelöst werden und für Zwischenbearbeitungsgänge entweder frei verschoben oder ausgeschwenkt werden. Kupplung und Führungsmutter sind so ausgebildet, daß der ursprüngliche Zusammenhang zwischen Winkelstellung des Futters und Position des Schlittens nicht verlorengehen kann.

Das Magazin für die Leiterbahnen kann in seiner Breite genau an das in Rollen konfektionierte selbstklebende "circuit-Stik" Leiterband angepaßt werden. Durch eine prismatische Führung, die gleichzeitig zur Höhenverstellung und zur Zentrierung bezüglich der Winkelverstellung dient, wird eine tangentiale Lage der Leiterbahn im Anpreßpunkt in bezug auf die Oberfläche des Antennenträgers sichergestellt. Die richtige Einstellung für den Steigungswinkel ψ muß allerdings aus dem jeweiligen Durchmesser d des Antennenträgers und der Ganglänge l_G mit Hilfe von Gl.(2) berechnet und eingestellt werden.

2.1.3 Der Aufbau des Antennensystems

Da die Dicke der Cu-Leiterbahnen von ca. 35 µm nur etwa einem Drittel der Eindringtiefe elektromagnetischer Wellen bei der Betriebsfrequenz der Antennen entspricht, können mehrere voneinander unabhängige Antennen für verschiedene Moden ohne störende gegenseitige Abschirmwirkung koaxial übereinander angeordnet werden. Die gegenseitige Wechselwirkung von verschiedenen Empfangsantennen kann zusätzlich dadurch vermindert werden, daß relativ schmale Leiterbahnen verwendet werden. Die Breite der Induktionsleiter der Empfangsantennen wurde deshalb auf 1,0 mm und die der Induktionsleiter der Sendeantenne auf 2,5 mm festgelegt.

Für den Antennenträger wurde ein lichter Innendurchmesser von 21 mm im Hinblick auf die Durchführung von Versuchen an Stäben mit 20 mm Durchmesser gewählt. Deshalb wurde durch ein Tauchverfahren zunächst eine mindestens 0,5 mm dicke Wachsschicht auf einen exakt zylindrischen Stahlstab von 20 mm Durchmesser aufgebracht. Dieser Stab wurde dann in die Wickelmaschine eingespannt und dort bis zum Ablösen des fertigen Antennensystems durch Wachsausschmelzen belassen.

Zunächst wurde die Wachsschicht mit Hilfe des frei verschiebbaren Supports im gesamten Arbeitsbereich auf einen Durchmesser von 21 mm geglättet, ehe eine mindestens 0,5 mm starke Schicht aus Epoxydharz aufgetragen wurde. Diese Schicht wurde nach Aushärtung durch ein vom Support geführtes Gerät auf eine genaue zylindrische Form mit 22,0 mm Durchmesser geschliffen.

Mit einer Ganglänge von 43,0 mm wurden auf diese Schicht die Wicklungen für eine Sendeantenne für linksdrehende Schraubenwellen mit m = 3 und für eine Empfangsantenne für rechtsdrehende Schraubenwellen mit m = 3 aufgebracht. Abb. 9 zeigt die spiegelbildliche Anordnung dieser beiden Antennen auf dem Antennenträger. Da die Dicke der Empfangsantenne einschließlich ihrer elektrischen Anschlüsse unter 0,5 mm gehalten werden konnte, wurde sie nach elektrischer Prüfung mit einer ca. 0,5 mm dicken

Schicht aus Epoxydharz überdeckt, die nach Aushärtung auf eine genaue zylindrische Form mit 23,0 mm Durchmesser geschliffen wurde.

Die Abb. 10 - 12 zeigen die weiteren Empfangsantennen, die in entsprechend wiederholten Arbeitsgängen schichtweise aufgebaut wurden. Die Empfangsantenne für rechtsdrehende Schraubenwellen mit $m = 4$ wurde mit einer Ganglänge von 80,8 mm und die Empfangsantenne mit $m = 2$ mit einer Ganglänge von 25,0 mm aufgebracht. Zu Kontrollzwecken wurde schließlich eine Empfangsantenne für linksdrehende Schraubenwellen mit $m = 3$ entsprechend der Sendeantenne aufgebaut.

Eine direkte Steckbarkeit der elektrischen Antennenanschlüsse wurde dadurch erreicht, daß das Antennensystem mit Hilfe von Epoxydharz zu einem Rohrstück von 30 mm Außendurchmesser ausgebildet wurde und daß axial verlaufende Kontaktstreifen an den beiden Enden des Rohres in regelmäßigen Winkellagen angeordnet wurden. Diese Kontaktstreifen wurden durch Drahtleitungen in definierter Reihenfolge mit den Einzelantennen elektrisch verbunden, ehe die Einzelantennen vergossen wurden.

Im Frequenzbereich bis 500 kHz betrugen bei jeder Richtantenne die relativen Impedanzunterschiede der beiden Induktionsleitergruppen und ihrer Anschlüsse weniger als 1 %.

2.2 Die Erzeugung des Magnetfeldes

2.2.1 Allgemeines

Die vorliegenden Untersuchungen sind auf ein Prüfverfahren gerichtet, bei dem ein magnetisches Wechselfeld sowohl beim Sender als auch beim Empfänger eingesetzt wird. Während die Frequenz Ω des Magnetfeldes für die Trennung von Nutz- und Störsignalen wichtig ist, spielt für das Signal- zu Rauschverhältnis die maximal erreichte Magnetfeldstärke eine ausschlaggebende Rolle. Da das Magnetfeld in nicht ferromagnetischen Werkstoffen aufgebaut werden muß, wird die maximal erreichbare Magnetfeldstärke vor allem durch die maximal zulässige Leistungsaufnahme der Magnetspule bestimmt.

Der lineare Zusammenhang zwischen der magnetischen Induktion und der Wandlerkonstante eines elektrodynamischen Wandlers führt dazu, daß die über Sender und Empfänger übertragene Signalhöhe quadratisch von der magnetischen Induktion abhängt. Dementsprechend ist das Verhältnis von Nutz- zu Rauschsignalleistung der vierten Potenz der magnetischen Induktion bzw. dem Quadrat der für das Magnetfeld aufgewandten elektrischen Leistung proportional.

Der Gesichtspunkt der Leistungsmaximierung durch Verwendung eines möglichst starken niederfrequenten Magnetfeldes legt es nahe, aus Kostengründen für das Magnetfeld die Frequenz $\Omega = 50$ Hz zu verwenden und die Magnetspule aus dem öffentlichen Netz zu speisen. Für die vorliegenden Untersuchungen wurde die Stromaufnahme aus dem Netz auf 16 A begrenzt, so daß sich für den Betrieb des Elektromagneten eine maximale Verlustleistung von ca. 3,5 kW ergab. Obwohl diese Leistung quadratisch in die Größe der Signalleistung eingeht, erscheint eine Steigerung nicht nur wegen elektrischer Versorgungsprobleme, sondern wegen zunehmender Schwierigkeiten in der Abfuhr der Verlustwärme wenig sinnvoll.

2.2.2 Der Aufbau des Elektromagneten

Aufgabe des Elektromagneten ist es, im gesamten Bereich der zylindrischen Antennensysteme ein möglichst starkes und homogenes

axiales Magnetfeld zu erzeugen. Die Antennensysteme erstrecken
sich in axiale Richtung über eine Länge von 180 mm und der Antennenträger weist einen Durchmesser von 30 mm auf. Unter Berücksichtigung der Feldschwächung an den Spulenenden wurde deshalb eine Länge von 250 mm für den Wickelraum gewählt, während
in bezug auf den Innendurchmesser von 30 mm der Außendurchmesser
des Wickelraums auf 70 mm festgelegt wurde.

Für einen Aufbau der Magnetspule aus dünnen Drähten mit hoher
Windungszahl sprechen die folgenden Gesichtspunkte: hohe elektrische Güte durch hohen Kupferfüllfaktor, einfache Herstellung
durch Lagenwicklungen und einfache Anpassung der Impedanz an
die Stromversorgung durch freie Wahl der Windungszahl. Der einzige, aber entscheidende Nachteil eines derartigen Aufbaus
liegt darin, daß durch schlechte Kühlbarkeit die maximal zulässige Dauerleistung unbefriedigend niedrig ist.

Einem Aufbau aus wenigen Windungen innengekühlten Rohres stehen
nicht nur ein geringer Kupferfüllfaktor, sondern auch Schwierigkeiten in der Stromversorgung wegen der extrem hohen Stromstärken entgegen. Außerdem treten starke Inhomogenitäten des Magnetfeldes in der Nähe der Stromleiter auf.

Für den Aufbau der Magnetwicklung wurde deshalb eine möglichst
große Windungszahl rohrförmiger Stromleiter bei gleichzeitig
möglichst kleinem Strömungswiderstand für die Kühlflüssigkeit
angestrebt. Grundlage für die Lösung war nicht ein lagen-, sondern ein scheibenweiser Aufbau der Wicklung, der es gestattet,
die einzelnen Wicklungsscheiben elektrisch in Serie zu betreiben,
während sie parallel von der Kühlflüssigkeit durchströmt werden. Da Vor- und Rücklauf am äußeren Umfang angeordnet werden
müssen, führt vom Vorlauf ausgehend eine Spirale in jeder Wicklungsscheibe nach innen, während die benachbarte Spirale von
innen nach außen zum Rücklauf führt.

Unter Verwendung von Cu-Rohr von 4 mm Außendurchmesser und 2 mm
Innendurchmesser konnten die Spiralen bei Einhaltung von 1 mm
Isolationsabstand aus je 3,75 Windungen aufgebaut werden. Abb. 13
zeigt eine Wicklungsscheibe mit insgesamt 7,5 Windungen.

Die Magnetwicklung wurde aus ingesamt 25 jeweils gegeneinander
um 180° verdrehten Einzelscheiben aufgebaut. Wie Abb. 14 zeigt,

können dabei die paarweise eng benachbart liegenden Rohrenden im Vor- bzw. Rücklaufsammler auf kürzestem Wege miteinander verbunden werden. Lediglich die massiven äußeren Stromzuführungen mußten mit der Stromstärke entsprechenden großen Querschnitten ausgeführt werden.

Während durch die Serienschaltung der insgesamt 188 Windungen ein elektrischer Widerstand von 0,1 Ohm erreicht wurde, entspricht der Strömungswiderstand der parallel geschalteten Scheibenspulen nur dem eines Rohres von 2 mm Durchmesser und 45 mm Länge. Dieser geringe Strömungswiderstand ermöglicht den Abtransport der Verlustleistung von ca. 3,5 kW mit Hilfe einer Kühlflüssigkeit.

An den Stirnseiten der Magnetwicklung befinden sich Tragplatten, die nicht nur das Gewicht der Spule tragen, sondern gleichzeitig der Zentrierung und Kontaktierung des Antennensystems und der Halterung des magnetischen Jochs dienen. Das Joch umschließt die Magnetspule käfigförmig und dient zur Erhöhung der Magnetfeldstärke durch Verringerung des magnetischen Widerstandes. Es ist aus einzelnen Strängen von geschichteten Transformatorenblechen aufgebaut, die an den Stirnseiten der Spule sternförmig zusammenlaufen.

Abb. 15 zeigt die radialen Schenkel des aus Transformatorenblechen aufgebauten Magnetjochs und die Anschlüsse und Kontaktfedern für den Antennenträger an einer Stirnseite des Elektromagneten. Abb. 16 zeigt aus seitlicher Sicht die parallel zur Spulenachse verlaufenden Einzeljoche und die Zuleitungen für den Spulenstrom, die Kühlflüssigkeit und die Antennen.

Wie Abb. 17 zeigt, liegt der Wert der Induktion bei einer Leistung von 3,5 kW im Bereich der Antennen zwischen 0,14 und 0,15 T.

Dieser Wert reicht zwar aus, die Funktion der Wandler und des Signalverarbeitungsverfahrens unter Beweis zu stellen, ist aber klein im Vergleich zu den leistungslos mit Permanentmagneten erzeugbaren Induktionswerten. Die Erzeugung von Induktionswerten in der Größenordnung von 1 - 2 T hätte andererseits wegen des erforderlichen Aufwandes den Rahmen der vorliegenden Untersuchungen weit überschritten.

2.2.3 Die Versorgung des Elektromagneten

Für den Betrieb des Elektromagneten ist außer der elektrischen Versorgung eine leistungsfähige Kühlung erforderlich.

Da die elektrische Feldstärke im Kühlkreislauf der Magnetspule an keiner Stelle 1 V/cm überschreitet, kann destilliertes Wasser ohne Schwierigkeiten als Kühlflüssigkeit verwendet werden. Nach Durchlaufen des Elektromagneten wird das Wasser in einem gebläsegekühlten Wärmetauscher wieder abgekühlt, ehe es von einer Kühlmittelpumpe erneut dem Elektromagneten zugeführt wird. Wie in Abb. 18 dargestellt, ist dem Elektromagneten im Kühlkreislauf ein Strömungswächter nachgeschaltet, der den Betrieb der Magnetspule nur zuläßt, wenn sie von der Kühlflüssigkeit durchströmt wird.

Die Magnetspule muß über einen Transformator aus dem Netz versorgt werden, da ihr Widerstand nur 0,1 Ohm beträgt. Im Hinblick auf eine Wirkleistung von 3,5 kW wurde die Sekundärwicklung eines 4 kVA Transformators auf 200 A und 20 V $\pm$ 10 % ausgelegt. Wegen der niedrigen Impedanz des Sekundärkreises wurden die Induktivitäten des Transformators und Elektromagneten gemeinschaftlich auf der Primärseite kompensiert. Durch Parallelschaltung von 90 µF zur Primärwicklung des Transformators wurde nicht nur die Stromaufnahme aus dem Netz auf 16 A reduziert, sondern auch eine Filterwirkung gegen hochfrequente Störungen des Netzes erreicht.

Da je nach Phasenlage der Netzspannung beim Einschalten des Transformators Stoßströme auftreten können, die zur Auslösung von Sicherungen führen, wird der Transformator mit Hilfe von zwei Schützen, wie in Abb. 18 gezeigt, nahezu stoßfrei geschaltet. Wird der Magnetkreis eingeschaltet, so wird der Transformator zunächst über das Nebenschütz und einen Anlaßwiderstand von 11 Ohm in Betrieb genommen. Gleichzeitig wird die Feldspule des Hauptschützes erregt, das nach kurzer Zeitverzögerung den Anlaßwiderstand kurzschließt und dadurch den Magnetkreis voll einschaltet.

Ebenso wie die Komponenten des Kühlkreises wurden auch alle Komponenten der Stromversorgung zu einer kompakten Betriebseinheit zusammengefaßt.

2.3 Der Drehstromsender

2.3.1 Allgemeines

Für eine einseitige Abstrahlung der Ultraschallwellen, wie sie zur eindeutigen Lokalisierung von Ungänzen mit Hilfe des untersuchten Dauerschall-Verfahrens erforderlich ist, müssen die beiden gegenseitig um 1/4 Wellenlänge verschobenen Induktionswicklungen der Sendeantenne mit amplitudengleichen und um $90°$ phasenverschobenen Sendeströmen gespeist werden. Wie schon auf S. 8 dargelegt, geht ein Phasenfehler empfindlich in die Verringerung des Richtfaktors der Antenne ein. Außerdem führen Unterschiede der Amplitude der beiden Sendesignale zu einer Abstrahlung in rückwärtiger Richtung, deren Höhe zur Amplitudendifferenz proportional ist.

Zur Erzielung eines möglichst großen Signal- zu Rauschverhältnisses wurde angestrebt, die Amplitude der Sendesignale so groß zu machen, daß die Leiterbahnen der Sendeantenne mit der maximal zulässigen Verlustleistung belastet werden. Da der Widerstand einer Wicklung der Sendeantenne ca. 1/3 Ohm beträgt, ergeben sich unter Zugrundelegung einer zulässigen Verlustleistung von 1,5 W pro Wicklung Stromamplituden von 3 A. Aus der Impedanz der Einzelwicklungen von ca. 2,5 Ohm bei 500 kHz ergibt sich, daß der Generator für die Sendesignale eine Scheinleistung von ca. 10 VA an diese Impedanz abgeben muß. Eine Speisung der Antennenwicklungen aus Signalgeneratoren mit 60 Ohm Ausgangsimpedanz würde sogar eine Leistung von jeweils ca. 70 VA erfordern.

Die Anforderungen an Phasengenauigkeit, Amplitudengleichheit und Ausgangsleistung, die im Frequenzbereich zwischen ca. 100 kHz und 1 MHz gestellt werden müssen, sind in mehreren Hinsichten ungewöhnlich und machten deshalb weitgehende Neuentwicklungen erforderlich. Nachdem sich in umfangreichen Vorversuchen gezeigt hatte, daß bei analogen Signalgeneratoren die Forderungen nach Phasenreinheit und Amplitudengleichheit nur mit erheblichen Ungenauigkeiten in einem begrenzten Frequenzbereich erfüllt wurden, blieb nur die Möglichkeit einer digitalen Synthese der Signale. Da auch in diesem Falle analog arbeitende Leistungs-

endstufen benutzt werden müssen, ist hier die Entstehung von
Signalfehlern möglich, deren Kompensation wesentliche Aufgabe
der digitalen Signalsynthese ist. Insbesondere stellen die für
die Leistungsendstufen benötigten Schalttransistoren durch ihre
individuell unterschiedlichen Schaltzeiten Fehlerquellen dar,
die nur durch großen Aufwand in der Signalerzeugung kompensiert
werden können.

2.3.2 Die digitale Signalerzeugung

Aufgabe der digitalen Signalerzeugung ist es, den Leistungsend-
verstärkern Steuersignale zuzuführen, die die individuellen Ein-
und Ausschaltverzögerungszeiten der Endstufentransistoren be-
rücksichtigen und so frequenzunabhängig zu einem phasenrich-
tigen Betrieb der Sendeantennen führen. Gleichzeitig müssen
phasenstarre Signale für die Synchronempfänger bereitgestellt
werden.

Da zwei amplitudengleiche und um $90°$ phasenverschobene Wechsel-
spannungen einer Vierphasen-Wechselspannung äquivalent sind,
wenn man von unterschiedlichen Bezugspotentialen absieht, beruht die digitale Signalerzeugung auf der Synthese von vier-
phasigen Wechselspannungssignalen. Wegen der Eigenschaften
digitaler Schaltungen handelt es sich bei den Wechselspannun-
gen um rechteckige Signale, die außer dem spektralen Grundan-
teil Frequenzvielfache als Oberwellen enthalten. In bezug auf
digitale Signale wird daher im folgenden die Anzahl der Recht-
eckimpulse pro Zeiteinheit als Frequenz bezeichnet. Phasenwinkel werden durch die relative Lage der positiven bzw. negativen
Flanken bestimmt.

Das in Abb. 19 gezeigte Blockschaltbild stellt die Baugruppen
und ihre wichtigsten Verknüpfungen zur Erzeugung phasenreiner
Sendesignale dar.

Die durchstimmbare Clock erzeugt eine Taktfrequenz $4f$, aus der
der Generator VG die vier Phasen φ mit der Frequenz f erzeugt.
Diese vier Phasen werden nach bestimmten Verzögerungen in steuerbaren Verzögerungsgliedern zur Synthese der zwei Signalspannungen für die Ansteuerung der Leistungsverstärker benutzt.
Die Ausgangsströme der Leistungsverstärker werden den Antennen

und gleichzeitig Phasenvergleichern zugeführt.

Außerdem wird das Taktsignal der Clock um eine Zeit t_s verzögert, die größer als die größte Schaltverzögerungszeit der Leistungsverstärker ist. Dieses verzögerte Signal wird in einem zweiten Generator VG_s in die Soll-Phasen φ_s mit der Frequenz f umgesetzt, die als Referenz für die Phasenvergleicher dienen. Phasenabweichungen bewirken entgegengesetzte Verstellungen der Verzögerungen für die Phasen φ.

Durch diese Regelschleife mit I-Verhalten wird sichergestellt, daß die Phasengenauigkeit, mit der die Antennen betrieben werden, unabhängig von den Verzögerungszeiten der Leistungsverstärker der Phasengenauigkeit der Soll-Phasen φ_s entspricht.

Der digitale Schaltungsteil wurde wegen der erforderlichen kurzen Schaltzeiten aus integrierten TTL-Schaltungen der Serie 74 aufgebaut. Für Funktionen, die die Genauigkeit der Phasenlagen beeinflussen, wurden Schaltungen aus der Serie 74 S verwendet. Da eine vollständige Schaltungsbeschreibung den Rahmen dieses Berichtes sprengen würde, sollen nur einige wesentliche Schaltungen erläutert werden.

Die Vierphasengeneratoren

Der Generator VG wurde entsprechend Abb. 20 aus den zwei JK-Flip-Flop der integrierten Schaltung 74 S 112 und aus den vier NOR-Gattern der integrierten Schaltung 74 02 aufgebaut. Aus der Funktionstabelle für jedes Flip-Flop wird nur der folgende Auszug benutzt:

INPUTS					OUTPUTS	
PRESET	CLEAR	CLOCK	J	K	Q	$\overline{Q}$
H	H	↓	L	L	Q_0	$\overline{Q}_0$
H	H	↓	H	L	H	L
H	H	↓	L	H	L	H

Die Signale für die Steuereingänge J und K werden durch die folgenden logischen Verknüpfungen gebildet:

$$J_1 = \overline{\overline{Q_1} + Q_2} \qquad K_1 = \overline{\overline{Q_1} + \overline{Q_2}}$$

$$J_2 = \overline{\overline{Q_1} + Q_2} \qquad K_2 = \overline{Q_1 + \overline{Q_2}}$$

Dadurch wird nicht nur ein starrer Drehsinn in der Reihenfolge Q_1, Q_2, $\overline{Q_1}$, $\overline{Q_2}$ erzeugt, sondern die Schaltzeitpunkte der Flip-Flops hängen auch in keiner Weise von Verzögerungszeiten der NOR-Gatter ab. Die Genauigkeit der vier Phasen in bezug auf die negativen Flanken des Taktsignales der Clock wird deshalb ausschließlich durch die maximale Streuung der Schaltzeit der Flip-Flops von 5 ns bestimmt. Obwohl ein derart kleiner Fehler vernachlässigbar erscheint, würde er bei einer Sendefrequenz von 1 MHz schon alleine ausreichen, um den Richtfaktor auf einen Wert von ca. 63 zu verringern.

Der Generator VG_s ist weitestgehend in gleicher Weise wie der in Abb. 20 gezeigte Generator VG aufgebaut. Da die Zustände der Generatoren VG und VG_s bei Inbetriebnahme nicht definiert sind und da die um die Zeit t_s verzögerten Taktsignale die Phasen um jeweils 90° weiterschalten, muß die Verzögerung der Soll-Phasen φ_s um die Zeit t_s gegenüber den Phasen φ durch eine zusätzliche Synchronisation sichergestellt werden. Hierzu wird das für den Steuereingang 2 K des Generators VG_s vorgesehene Signal mit einem kurzen positiven Impuls AND-verknüpft, der von einer Verzögerungsschaltung zu einem Zeitpunkt erzeugt wird, der in bezug auf die negative Flanke der Steuerspannung K_2 des Generators VG um t_s verschoben ist. Bei asynchroner Inbetriebnahme wird daher der Generator VG_s solange gehemmt, bis seine Ausgangssignale in bezug auf die Ausgangssignale des Generators VG um t_s verzögert sind. Da die Verzögerungszeit t_s unabhängig von der Taktfrequenz mit Hilfe von monostabilen Flip-Flops eingestellt wird, steht bei allen Generatorfrequenzen das gleiche Zeitintervall für die Kompensation der Schaltzeiten zur Verfügung.

<u>Die Phasenvergleicher</u>

Aus den Antennenströmen werden mit Hilfe von Meßwiderständen, Verstärkern und Begrenzern gleichphasige TTL-Signale U_{a1} und U_{a2} gewonnen, die in Phasenvergleichern mit den Soll-Phasen φ_s zu Kontrollsignalen V für die steuerbaren Verzögerungsglieder verarbeitet werden.

Die Signale V_{p1} bzw. V_{p2} werden als Impulse für jede Schwingungsperiode gebildet, in der die positiven Flanken von U_{a1} bzw.

U_{a2} in bezug auf φ_{1s} bzw. φ_{2s} verspätet auftreten. Entsprechend werden Impulse V_{n1} bzw. V_{n2} bei Verspätung der negativen Flanken von U_{a1} bzw. U_{a2} gebildet.

Unter Ausnutzung der grundsätzlichen Verspätung der Signale U_{a1} und U_{a2} in bezug auf die Phasen φ des Generators VG können die Impulse V_{pi} und V_{ni} mit Hilfe dieser Phasen und der Phasen φ_s des Generators VG_s durch die folgenden einfachen logischen AND-Verknüpfungen gewonnen werden:

$$V_{pi} = \varphi_{is} \cdot \varphi \cdot \overline{U_{ai}}$$
$$V_{ni} = \overline{\varphi_{is}} \cdot \overline{\varphi_i} \cdot U_{ai}$$
$$i = 1,2$$

Da die Pulsbreiten von V_{pi} bzw. V_{ni} den Verspätungen der Flanken von U_{ai} in bezug auf φ_{is} entsprechen, ergeben sich im angestrebten Soll-Zustand extrem kurze Nadelimpulse. Sie werden durch Impulsformer in eine zur Ansteuerung der Verzögerungsglieder geeignete Form gebracht.

Die steuerbaren Verzögerungsglieder

Die in Abb. 21 gezeigte Schaltung dient als steuerbares Verzögerungsglied für die negative Flanke der Phase φ. Während der Ausgang des invertierenden Buffers B LOW ist, nimmt er den Kollektorstrom des Transistors T von maximal 15 mA auf und entlädt gleichzeitig den Kondensator C1. Da der offene Kollektorausgang von B nach der negativen Flanke von φ gesperrt wird, wird von diesem Zeitpunkt an der Kondensator C1 mit einer Geschwindigkeit aufgeladen, die durch die Größe des Kollektorstromes des Transistors T bestimmt wird. Sobald die Spannungswelle des Schmitt-Triggers überschritten wird, erscheint an seinem invertierenden Ausgang die verzögerte negative Flanke von φ_v.

Maßgeblich für die Verzögerungszeit ist die Spannung des Speicherkondensators C4, der über den Operationsverstärker OP die Basisspannung des Transistors T steuert, über dessen Emitterwiderstand R1 der Kollektorstrom dosiert wird. Die Dioden D5 und D6 verhindern unzulässige Betriebszustände.

Die Verzögerungszeit der negativen Flanke von φ_v beträgt bei
niedrigster Spannung von C4 ca. 100 ns, während die positive
Flanke mit geringerer Verzögerungszeit durchgelassen wird. Jede
Erhöhung der Spannung an C4 führt über eine Reduzierung des
Kollektorstromes des Transistors T zu einer Verlängerung der
Verzögerungszeit für die negative Flanke.

Über den Inverter I wird im Laufe einer Schwingungsperiode der
Phase φ die aus dem Komdensator C2 und den Dioden D1 und D2 gebildete Ladungspumpe einmal getaktet und dadurch die Spannung
des Speicherkondensators C4 um ca. 25 µV erhöht. Die Ladungspumpe wird aus dem Kondensator C5 gespeist, dessen Potential
über R2 auf gleicher Höhe mit dem Speicherkondensator C4 gehalten wird.

Ist die Verzögerungszeit zu groß, so wird der Steuereingang V
im Lauf einer Schwingungsperiode der Phase φ vom zugehörigen
Phasenvergleicher mit einem Impuls angesteuert, der die aus
dem Kondensator C2 und den Dioden D3 und D4 gebildete Ladungspumpe einmal taktet und dadurch die Spannung des Speicherkondensators C4 um ca. 50 µV erniedrigt.

Durch diese integrierende digitale Steuerung der Verzögerungszeit stellt sich kurze Zeit nach Inbetriebnahme des Systems
ein Zustand ein, in dem die Spannung des Speicherkondensators
in Stufen von ca. 25 µV um ihren Mittelwert herum schwankt und
dadurch bei Verzögerungszeiten bis zu 1 µs Schwankungen von
weniger als 0,1 ns verursacht.

Die in bezug auf die Phasen φ_1, $\overline{\varphi_1}$, φ_2 und $\overline{\varphi_2}$ verzögerten Ausgangssignale φ_{1v}, $\overline{\varphi_{1v}}$, φ_{2v} und $\overline{\varphi_{2v}}$ werden paarweise zur Synthese der Signalspannungen für die Ansteuerung der Leistungsverstärker benutzt.

Die Synthetisierer

Die Verzögerung der negativen Flanke von φ_v in bezug auf die
negative Flanke von $\overline{\varphi}$ stellt gleichzeitig eine gleichgroße Verzögerung in bezug auf die positive Flanke von φ dar. Die Signale φ_v und $\overline{\varphi_v}$ enthalten deshalb die vollständigen Informationen
zur Synthese eines Signales mit unterschiedlich verzögerten
positiven und negativen Flanken.

Da wegen der geringen Verzögerungen der positiven Flanken φ_v

und $\overline{\varphi_v}$ nie gleichzeitig LOW sein können, ist eine sehr einfache Signalsynthese mit Hilfe von Flip-Flops möglich. Aus der Funktionstabelle ist nur der folgende Auszug benutzt:

INPUTS					OUTPUTS	
PRESET	CLEAR	CLOCK	J	K	Q	$\overline{Q}$
H	H	H	X	X	Q_0	$\overline{Q}_0$
L	H	X	X	X	H	L
H	L	X	X	X	L	H

Als Signal für PRESET wird $\overline{\varphi_v}$ und für CLEAR wird φ_v verwendet, während die übrigen Eingänge auf HIGH gehalten werden. Der Ausgang Q des Flip-Flops liefert eine Signalspannung U_e, deren positive bzw. negative Flanken mit den negativen Flanken von $\overline{\varphi_v}$ bzw. φ_v übereinstimmen.

2.3.3 Die Leistungsverstärker

Die Signalspannungen U_{e1} und U_{e2} der beiden Synthetisierer werden zur Ansteuerung der Leistungsverstärker benutzt.

Die Treiber- und Endstufen

Der Aufbau der Treiber- und Endstufen ist in Abb. 22 dargestellt. Die Ausgangsspannung U_e eines Synthetisierers steuert über eine Emitter-Folgeschaltung mit dem Transistor T1 das komplementäre Transistorenpaar T2 und T3 an. Dieses Transistorenpaar wirkt als Pegelumsetzer für die komplementären und im Gegentakt betriebenen Transistoren T4 und T5. Die Diode D3 begrenzt die gemeinsame Kollektorenspannung von T4 und T5 nach unten, während eine Kontrollspannung U_c über die Diode D4 nach oben begrenzend wirkt. Über die komplementären Treiber-Transistoren T6 und T7 wird die Basis des Endstufentransistors T8 mit dem durch U_c amplitudenkontrollierten Signal angesteuert.

Da der Kollektor des Transistors T9 eine Konstantstromsenke für den Emitter des Transistors T8 darstellt, kann die ganze Wechselstromleistung über den Kondensator C7 ausgekoppelt werden. Über die Klemmen 1 und 2 wird der Ausgangswechselstrom einer Induktionsleitergruppe der Sendeantenne zugeführt. Durch die Widerstände R12 und R13, die zusammen etwa doppelt so groß wie die Impedanz der Antennenwicklungen bei der Betriebsfrequenz sind, wird erzwungen, daß die Stromstärke mit kurzer Verzögerung der Ausgangsspannung folgt.

Zur Kontrolle der Phasenlage und der Amplitude der Stromstärke durch die Induktionsleitergruppe dient der Meßwiderstand R13, dessen Spannung an der Klemme 2 zur Auswertung zur Verfügung steht.

<u>Die Phasen- und Amplitudenkontrolle</u>

Die Auswertung der an Klemme 2 zur Verfügung stehenden Meßspannung, die der Stromstärke durch eine Induktionsleitergruppe proportional ist, erfolgt in den in Abb. 23 gezeigten Schaltungen.

Mit Hilfe des Transistorenpaares T1 und T2 werden die Nulldurchgänge auf TTL-Pegel umgesetzt und über den Inverter I1 als Signal U_a dem zugehörigen Phasenvergleicher und damit dem Phasenregelkreis zugeführt. Über den Inverter I2 wird gleichzeitig eine aus dem Kondensator C1 und den Dioden D3 und D4 bestehende Ladungspumpe betrieben, die die Ausgangsspannung des Operationsverstärkers OP in negativer Richtung verschiebt.

Überschreiten die Spannungen an Klemme 2 einen bestimmten, mit Hilfe des Potentiometers P eingestellten Amplitudenwert, so wird über eine Differenzschaltung der Transistoren T3 und T4 der Inverter I3 angesteuert. Der Inverter I3 treibt über eine aus dem Kondensator C2 und den Dioden D5 und D6 gebildete Ladungspumpe die Ausgangsspannung des Operationsverstärkers OP in positive Richtung. Da die Wirkung von I3 pro Hub doppelt so stark wie die von I2 ist, kann sich ein stationärer Wert für die Ausgangsspannung des Operationsverstärkers OP nur einstellen, wenn die Amplitude der Meßspannung an Klemme 2 den mit Hilfe des Potentiometers P eingestellten Wert gerade erreicht.

Die Ausgangsspannung des Operationsverstärkers OP wird mit Hilfe der Transistoren T5 und T6 in die Kontrollspannung U_c umgesetzt, die zur Amplitudenbegrenzung der Treiberstufe zugeführt wird.

Die Gleichheit der Signalamplituden beider Leistungsverstärker wird dadurch sichergestellt, daß ihre Amplitudenkontrollschaltungen von einem gemeinschaftlichen Potentiometer P gesteuert werden.

2.4 Der Richtempfang

2.4.1 Allgemeines

Bei Dauerschall-Prüfverfahren überlagern sich an allen Stellen des Prüflings gleichzeitig die von allen Ungänzen reflektierten bzw. gestreuten Ultraschallwellen. Die Ortung einer Ungänze kann bei dem untersuchten Verfahren nur mit Hilfe der Richtcharakteristiken von Sender und Empfänger erfolgen.

Für die Prüfung von Stäben und Rohren wird durch einseitige Abstrahlung des Senders in Richtung auf den benachbarten Empfänger und durch einseitige Empfindlichkeit des Empfängers in Richtung auf den Sender die Lage der Ungänze auf den Zwischenraum zwischen Sender und Empfänger eingeengt. Hierbei ist allerdings Voraussetzung, daß der Prüfling hinreichend lang und so stark bedämpft ist, daß nicht durch Reflexionen an den Enden Fehler vorgetäuscht werden.

Die einseitige Richtwirkung des Empfängers kann ebenso wie beim Sender durch um 90° phasenverschobenen Betrieb von zwei geometrisch identischen, aber in Ausbreitungsrichtung der Wellen um 1/4 Wellenlänge verschobene Antennen erzielt werden. Im Gegensatz zum Sender sind die Phasenlagen der Signale am Empfänger unbekannt. Deshalb ist ein vergleichsweise kompliziertes, im folgenden dargestelltes Richtempfangsverfahren erforderlich.

Ausgangspunkt für die Betrachtung des Empfangsverfahrens ist, daß der Sender, dessen Antennenwicklungen von Hochfrequenzströmen mit der Frequenz ω durchflossen werden und dessen Magnetfeld die Frequenz Ω aufweist, Schallwellen gleicher Amplitude mit den Frequenzen $\omega-\Omega$ und $\omega+\Omega$ ausstrahlt.

Bezeichnet man mit x die Lage einer Antenne in axialer Richtung, so stellt Gl. 4 in allgemeiner Form die Abhängigkeit der Schnelle v von Ort x und Zeit t dar. Hierbei ist k die Wellenzahl in bezug auf die x-Richtung, α_0 bis α_3 sind unbekannte Phasenwinkel, v_1 ist die Schnelleamplitude der vom Sender in positiver x-Richtung zum Empfänger laufenden Wellen und v_2 die Amplitude der in entgegengesetzter Richtung laufenden Wellen.

$$v(x,t) = v_1\{\cos((\omega-\Omega)t-kx+\alpha_0)+\cos((\omega+\Omega)t-kx+\alpha_1)\}$$
$$+v_2\{\cos((\omega-\Omega)t+kx+\alpha_2)+\cos((\omega+\Omega)t+kx+\alpha_3)\} \quad (4)$$

Aus Gl. 4 folgt für die Schnelle an den Stellen $x_1=0$ und $x_2=\lambda/4=\pi/2k$, an denen sich die Mittelpunkte der beiden Empfangsantennen befinden:

$$v(x_1,t) = v_1\{\cos((\omega-\Omega)t+\alpha_0)+\cos((\omega+\Omega)t+\alpha_1)\}$$
$$+v_2\{\cos((\omega-\Omega)t+\alpha_2)+\cos((\omega+\Omega)t+\alpha_3)\} \quad (5)$$

$$v(x_2,t) = v_1\{\sin((\omega-\Omega)t+\alpha_0)+\sin((\omega+\Omega)t+\alpha_1)\}$$
$$-v_2\{\sin((\omega-\Omega)t+\alpha_2)+\sin((\omega+\Omega)t+\alpha_3)\} \quad (6)$$

Die Schnelle v wird im Empfänger in elektrische Spannungen u umgewandelt. Beträgt die durch das Wechselmagnetfeld bestimmte zeitabhängige Empfindlichkeit $2 \cdot s \cdot \cos(\Omega t)$, so werden in bezug auf die Orte x_1 und x_2 die Spannungen $u_1(t)$ und $u_2(t)$ erzeugt. Diese Spannungen enthalten Komponenten, die von der Frequenz 2Ω abhängig sind und Restkomponenten r_1 und r_2, die nur von ω abhängen und deshalb von eingestreuten Störsignalen nicht unterschieden werden können. Nach Zwischenrechnungen ergeben sich die Beziehungen 7 und 8.

$$u_1(t)=sv_1\{\cos((\omega-2\Omega)t+\alpha_0)+\cos((\omega+2\Omega)t+\alpha_1)\}$$
$$+sv_1\{\cos((\omega-2\Omega)t+\alpha_2)+\cos((\omega+2\Omega)t+\alpha_3)\}+r_1(\omega t) \quad (7)$$

$$u_2(t)=sv_1\{\sin((\omega-2\Omega)t+\alpha_0)+\sin((\omega+2\Omega)t+\alpha_1)\}$$
$$-sv_2\{\sin((\omega-2\Omega)t+\alpha_2)+\sin((\omega+2\Omega)t+\alpha_3)\}+r_2(\omega t) \quad (8)$$

Zur Trennung des akustisch übertragenen Signales von eingestreuten Störsignalen wird eine Synchrondemodulation mit der Frequenz ω durchgeführt. Wegen der unbekannten Phasenwinkel α_i bleibt die Information über die Schnelleamplituden v_1 und v_2 nur erhalten, wenn für die Spannungen $u_1(t)$ und $u_2(t)$ eine Quadratur-Demodulation durchgeführt wird.

Für die weitere Signalverarbeitung sind nur noch die Anteile der Modulationsprodukte von Interesse, die die Frequenz 2Ω aufweisen. Diese Signale $u_{11}(t)$, $u_{12}(t)$, $u_{21}(t)$ und $u_{22}(t)$ werden durch schmalbandige Filterung bei der Mittenfrequenz 2Ω von den übrigen Frequenzkomponenten des Demodulationsproduktes getrennt. $u_{11}(t)$ bzw. $u_{12}(t)$ folgen aus der Multiplikation von $2u_1(t)$ mit $\sin(\omega t)$ bzw. $\cos(\omega t)$ und $u_{21}(t)$ bzw.

$u_{22}(t)$ folgen aus der Multiplikation von $2u_2(t)$ mit $\sin(\omega t)$ bzw. $\cos(\omega t)$.

$$u_{11}(t) = -sv_1\{\sin(-2\Omega t+\alpha_0)+\sin(2\Omega t+\alpha_1)\} \\ -sv_2\{\sin(-2\Omega t+\alpha_2)+\sin(2\Omega t+\alpha_3)\} \quad (9)$$

$$u_{12}(t) = sv_1\{\cos(-2\Omega t+\alpha_0)+\cos(2\Omega t+\alpha_1)\} \\ +sv_2\{\cos(-2\Omega t+\alpha_2)+\cos(2\Omega t+\alpha_3)\} \quad (10)$$

$$u_{21}(t) = sv_1\{\cos(-2\Omega t+\alpha_0)+\cos(2\Omega t+\alpha_1)\} \\ -sv_2\{\cos(-2\Omega t+\alpha_2)+\cos(2\Omega t+\alpha_3)\} \quad (11)$$

$$u_{22}(t) = sv_1\{\sin(-2\Omega t+\alpha_0)+\sin(2\Omega t+\alpha_1)\} \\ -sv_2\{\sin(-2\Omega t+\alpha_2)+\sin(2\Omega t+\alpha_3)\} \quad (12)$$

Durch Addition bzw. Subtraktion der Spannungen $u_{11}(t)$ und $u_{22}(t)$ bzw. der Spannungen $u_{12}(t)$ und $u_{21}(t)$ werden nun die Schnelleamplituden v_1 und v_2 voneinander getrennt. Für v_1 ergibt sich:

$$u_{22}(t)-u_{11}(t) = 4sv_1 \cdot \sin(\frac{\alpha_1+\alpha_0}{2}) \cdot \cos(2\Omega t+\frac{\alpha_1-\alpha_0}{2}) \quad (13)$$

$$u_{21}(t)-u_{12}(t) = 4sv_1 \cdot \cos(\frac{\alpha_1+\alpha_0}{2}) \cdot \cos(2\Omega t+\frac{\alpha_1-\alpha_0}{2}) \quad (14)$$

Zur Beseitigung der Amplitudenabhängigkeit von den Phasenwinkeln α_0 und α_1 wird die Phase der Spannung gemäß Gl. 13 um einen Winkel β gedreht, während die Spannung gemäß Gl. 14 um den Winkel $\beta-90°$ gedreht wird. Bei Addition dieser Spannungen ergibt sich:

$$4sv_1\{\sin\frac{\alpha_0+\alpha_1}{2} \cdot \cos(2\Omega t+\frac{\alpha_1-\alpha_0}{2}+\beta)$$

$$+\cos\frac{\alpha_0+\alpha_1}{2} \cdot \cos(2\Omega t+\frac{\alpha_1-\alpha_0}{2}+\beta-90°)\} \quad (15)$$

$$=4sv_1 \cdot \sin(2\Omega t+\alpha_1+\beta)$$

Die Amplitude dieser Wechselspannung ist unabhängig von den Phasenwinkeln der Schnelleamplitude v_1 proportional. In entsprechender Weise wird nach paarweiser Addition von $u_{11}(t)$ und $u_{22}(t)$ bzw. $u_{12}(t)$ und $u_{21}(t)$ die Schnelleamplitude v_2 ermittelt.

In den Empfängerschaltungen schließt sich an die Verarbeitungsschritte von Gl. 7 bis Gl. 15 eine Doppelhalbwellengleichrichtung mit anschließender Glättung durch einen Tiefpaß zweiter Ordnung an, so daß die Schnelleamplituden analog zur Anzeige gebracht werden können.

2.4.2 Die Empfängerschaltungen

Die Empfängerschaltungen führen in verschiedenen Stufen die im vorigen Abschnitt dargestellten Verarbeitungsschritte zur Ermittlung der Schnelleamplituden aus. Sie wurden auf der in Abb. 25 gezeigten Großplatine zusammengefaßt, die die folgenden Baugruppen trägt:

Die Vorverstärker

Zunächst müssen die in den Empfangsantennen entstehenden Spannungen möglichst rauschfrei verstärkt werden, so daß in den weiteren Stufen der Signalverarbeitung keine Verschlechterung des Signal- zu Rauschabstandes eintritt.

Da von den Vorverstärkern gleichzeitig breitbandige Phasentreue und konstante Verstärkung gefordert werden, wurden integrierte Schaltungen des Typs 733 eingesetzt. Bei einer festen Verstärkung von 20 dB liefern diese von den Antennen her symmetrisch gespeisten Verstärker an ihren Ausgängen niederohmige symmetrische Signale zur Ansteuerung der Demodulatoren.

Die Demodulatoren

Für jedes der beiden Eingangssignale werden jeweils zwei Demodulatoren benötigt, denen einerseits das Ausgangssignal des Vorverstärkers, andererseits je eine der Phasen des Generators VG_s zugeführt werden. Sieht man von den in den Phasen φ_s enthaltenen Oberwellen ab, so enthalten sie gerade die Größen $\sin(\omega t)$ und $\cos(\omega t)$, mit deren Hilfe die Spannungen $u_{11}(t)$ bis $u_{22}(t)$ in den Gl. (9) bis (11) gewonnen werden.

Als Demodulatoren wurden integrierte Vier-Quadrantenmulitplizierer des Typs 3402 eingesetzt. Diese Multiplizierer zeichnen sich ebenso wie die Vorverstärker durch große Bandbreite und entsprechend geringere Phasenverschiebung aus. Die Ausgangssignale der Multiplizierer wurden durch nachgeschaltete aktive Tiefpässe gefiltert und zugleich verstärkt. Die Verstärkung der einzelnen Tiefpässe wurde so abgeglichen, daß die Gesamtverstärkung für alle vier gewonnenen Signale gleich groß ist. Für die aktiven Tiefpässe und alle nachfolgenden Schaltungen, die ausschließlich Signale mit der Frequenz von ca. 100 Hz verarbeiten, wurden integrierte Operationsverstärker vom Typ 558 eingesetzt.

Die Additions- und Subtraktionsschaltungen

Gemäß Gl. (13) und (14) werden die Ausgangsspannungen der Demodulatoren paarweise voneinander subtrahiert bzw. addiert, um die Schnelleamplituden v_1 und v_2 voneinander zu trennen. Diese Operationen werden durch vier aktive Addierer bzw. Subtrahierer vorgenommen, deren Genauigkeit durch Abgleich der Meßwiderstände sichergestellt wird.

Die Phasenschieber

Da die für jeweils eine Schnelleamplitude gewonnenen Signale gemäß Gl. (13) und (14) den Sinus bzw. den Cosinus eines unbekannten Phasenwinkels enthalten, werden beide Signale benötigt, um einen davon unabhängigen Wert zu ermitteln.

Dieses kann z.B. dadurch erfolgen, daß die beiden Signalspannungen zunächst quadriert werden, sodann addiert werden und daß schließlich daraus die Wurzel gezogen wird. Im Hinblick auf den großen Aufwand, den geringen Dynamikbereich und die begrenzte Genauigkeit entsprechender analoger Rechenschaltungen, wurde von dieser Möglichkeit abgesehen.

Zieht man in Betracht, daß bezüglich des gesuchten Schnellesignals lediglich die Frequenzanteile in der Nähe von 100 Hz von Interesse sind, so bietet sich gemäß Gl. (15) eine Möglichkeit, das gleiche Ziel mit Hilfe linearer Netzwerke zu erreichen. Dabei muß allerdings sichergestellt sein, daß die Amplitude der gedrehten Signale unabhängig vom Drehwinkel konstant bleibt. Deswegen wurden symmetrische Phasenschieber eingesetzt, die, wie in Abb. 24 gezeigt, die zugeführten Eingangsspannungen U_e um die Winkel β bzw. α drehen und Ausgangsspannungen U_a bzw. U_a' mit gleicher Amplitude liefern. Gl. (16) enthält den Zusammenhang zwischen der Frequenz $\Omega' = 2\Omega$, dem Widerstand R, der Kapazität C und dem Drehwinkel β.

$$\operatorname{ctg} \frac{\beta}{2} = \Omega' R C \tag{16}$$

Gl. (17) enthält den entsprechenden Zusammenhang für die Komponenten des anderen Phasenschiebers und den Drehwinkel α.

$$\operatorname{tg} \frac{\alpha}{2} = \Omega' R' C' \tag{17}$$

Stellt man mit Gl. (18) die Forderung, daß die Differenz der von beiden Phasenschiebern hervorgerufenen Winkeldrehungen in erster Ableitung nicht von der Frequenz abhängig sein soll, so folgt nach Zwischenrechnungen Gl. (19) für den Zusammenhang zwischen den Komponenten der beiden Phasenschieber und der Frequenz Ω', bei der diese Frequenzunabhängigkeit auftritt.

$$\frac{d}{d\Omega'} (\alpha + \beta) = 0 \tag{18}$$

$$\Omega' R C + \frac{1}{\Omega' R C} = \Omega' R' C' + \frac{1}{\Omega' R' C'} \tag{19}$$

Da im Zusammenhang mit Gl. (15) für α der Wert von $\beta - 90°$ zu fordern ist, ergibt sich außerdem Gl. (20) aus den Gl. (16) und (17).

$$\Omega' R' C' = \frac{\Omega' R C - 1}{\Omega' R C + 1} \tag{20}$$

Aus den Gl. (19) und (20) ergeben sich die Bestimmungsgleichungen (21) und (22) für die Dimensionierung von Phasenschiebern, die den obigen Anforderungen bei der Frequenz Ω' bezüglich Phasen und Amplituden genügen.

$$\Omega' R C = \sqrt{2} + 1 \tag{21}$$

$$\Omega' R' C' = \sqrt{2} - 1 \tag{22}$$

Da die Phasenschieber von Operationsverstärkern mit begrenzter Ausgangsleistung angesteuert werden, wird zusätzlich die Forderung nach gleich großen Beträgen der Gesamtimpedanz für beide Phasenschieber gestellt. Sie wird durch Gl. (23) erfüllt,

$$\Omega' R C' = \Omega' R' C = 1 \qquad (23)$$

so daß sich schließlich für die einzelnen Komponenten in Abhängigkeit vom Bezugswiderstand R und der Frequenz Ω' die folgenden Werte ergeben: $C = (\sqrt{2} + 1)/\Omega' R$; $R' = (\sqrt{2} - 1) R$; $C' = 1 / \Omega' R$.

Die Phasenschieber wurden für $\Omega'/2\pi$ = 100 Hz angelegt.

Die Ausgangsspannungen von je zwei Phasenschiebern werden gemäß Gl. (15) über aktive Additions- und Subtraktionsschaltungen zu einem Signal zusammengefaßt, das die Schnelleamplituden v_1 bzw. v_2 unabhängig von Phasenwinkeln enthält.

Die Filter

Die Signale für v_1 bzw. v_2 liegen dann exakt mit der Frequenz von 100 Hz vor, wenn sie kontinuierlich empfangen werden. Treten diese Signale nur kurzzeitig auf, so weisen sie mit der Mittenfrequenz von 100 Hz eine umso größere Bandbreite auf, je kürzer sie andauern.

Aus dem Gesichtspunkt einer möglichst hohen Prüfgeschwindigkeit mit entsprechend kurzzeitigem Auftreten von durch Ungänzen hervorgerufenen Empfangssignalen, ist eine möglichst große Bandbreite des 100 Hz-Empfängerfilters anzustreben.

Andererseits nehmen Rauschleistung und Störungen im Empfangssignal proportional zur Bandbreite zu und ein wesentlicher Gesichtspunkt des vorliegenden Verfahrens besteht gerade in der Unterdrückung des Rauschens durch möglichst schmalbandigen Empfang der Ultraschallwellen.

Unter den obigen Gesichtspunkten wurden die Empfängerfilter auf eine Bandbreite von 10 Hz ausgelegt. Die Filterschaltungen wurden als zweikreisige aktive Filter mit Mehrfachgegenkopplung mit den Güten 5 und den Resonanzfrequenzen 90 Hz und 110 Hz realisiert.

Zur Ausgabe der Signalspannungen findet anschließend an die
Filterung eine Präzisionsgleichrichtung in einem aktiven
Vollwggleichrichter und eine Glättung in einem aktiven
Butterworth-Tiefpaß der Ordnung 2 mit einer Grenzfrequenz
von 20 Hz statt.

2.5 Die Erprobung der Versuchseinrichtung

Die für das Prüfverfahren entwickelten Baugruppen und Ein-
richtungen wurden zunächst unabhängig voneinander auf einwand-
freie Funktion getestet. Die Funktion des Gesamtsystems wurde
abschließend im Labormaßstab an verschiedenen Prüfstäben aus
Aluminium, nichtmagnetischem Edelstahl und Messing untersucht.

Durch Speisung des Elektromagneten über einen vorgeschalteten
Stelltransformator mit variabler Spannung wurde bestätigt,
daß die Höhe des Empfangssignales quadratisch von der Spannung
abhängt, mit der die Magnetspule betrieben wird. Hierdurch
wurde sichergestellt, daß tatsächlich Ultraschallwellen empfangen wurden, die sich auf den Stäben ausbreiteten.

Da die Ultraschallwellen auf den zur Verfügung stehenden
relativ kurzen Prüfstäben nicht reflexionsfrei absorbiert wurden,
wurden Empfangssignale in beiden Ausbreitungsrichtungen beobachtet.

Zusammen mit diesen Empfangssignalen wurden zwei verschiedene
Typen von Störsignalen beobachtet, die den nutzbaren Dynamikbereich der aufgebauten Versuchseinrichtung einschränken:

1. Die zu prüfenden Stäbe wirken als Antennen für den Empfang
   von Mittelwellensendern, die in mehr oder weniger zufälliger
   Verteilung Leistung auch bei den Frequenzen einstreuen, bei
   denen Sender und Empfänger betrieben werden. Die Laborver-
   suche gestatten keine Aussage darüber, wieweit diese Störungen bei industriellen Anwendungen des untersuchten Prüfverfahrens durch Abschirmung unterdrückt werden können.

2. Die digital geschalteten Endstufen des Senders und die für
   die Synchrondemodulation benutzten digitalen Signale ent-

halten Oberwellen, die durch Intermodulationsprodukte ebenfalls den Empfang stören. Durch aufwendigere Senderendstufen und inzwischen verfügbare Entkopplungsmöglichkeiten mit Hilfe von Opto-Kopplern können diese Störungen grundsätzlich so weit unterdrückt werden, daß das thermische Rauschen der Empfänger den Dynamikbereich des Prüfverfahrens bestimmt.

Bei der Erprobung der Versuchseinrichtung zeigte sich darüberhinaus, daß mit den gleichen Antennen bei mehreren benachbarten Frequenzen unterschiedliche Moden auf den Prüfstäben übertragen werden, die nicht in ein einfaches Schema eingeordnet werden konnten.

Es ist anzunehmen, daß es sich hierbei um Schrauben-Volumenmoden handelt, deren Eigenschaften noch aufgeklärt werden müssen.

3. Zusammenfassung

Für die zerstörungsfreie Prüfung von Stäben und Rohren mittels Ultraschall-Oberflächenwellen wird die technische Realisierung eines Dauerschall-Prüfverfahrens untersucht, das für den Einsatz elektrodynamischer Wandler besonders geeignet erscheint.

Hierbei wird der im Vergleich zu konventionellen piezoelektrischen Prüfköpfen vorhandene Nachteil dieser berührungslosen Wandler, wegen vergleichsweise schwacher Kopplung ein zu geringes Signal- zu Rauschverhältnis aufzuweisen, durch eine besonders schmalbandige kontinuierliche Betriebsweise zu kompensieren versucht.

Die vorliegende Untersuchung befaßt sich einerseits mit den theoretischen Grundlagen für ein derartiges Verfahren, andererseits werden die Lösungen, die für die auftretenden Probleme hinsichtlich der Fertigung der Antennensysteme, der Erzeugung des benötigten Magnetfeldes, der Realisierung eines hochfrequenten Drehstromsenders und der Gewinnung der Empfangssignale durch Quadratur-Demodulation erreicht wurden, dargestellt.

Die in diesem Zusammenhang gewonnenen Erkenntnisse und Lösungen dürften auch im Hinblick auf andere als das in der vorliegenden Arbeit untersuchte Dauerschallverfahren von Bedeutung sein.

4. Literatur

[1]   HERBERTZ, J.: Grundlagen und Anwendungen eines berührungslosen Verfahrens zur Erzeugung und zum Nachweis von Ultraschall in Metallen.
Forschungsberichte des Laboratoriums für Ultraschall, Nr. 3.
Verlag J.A. Mayer, Aachen. 1972

[2]   VIKTOROV, I.A.: Akust. Zh. 4(1958), 131

[3]   POCHHAMMER, L.: J. Math. 18(1876), 324

[4]   BANCROFT, D.: Phys. Rev. 59(1941), 588

- 37 -

5. Bildanhang

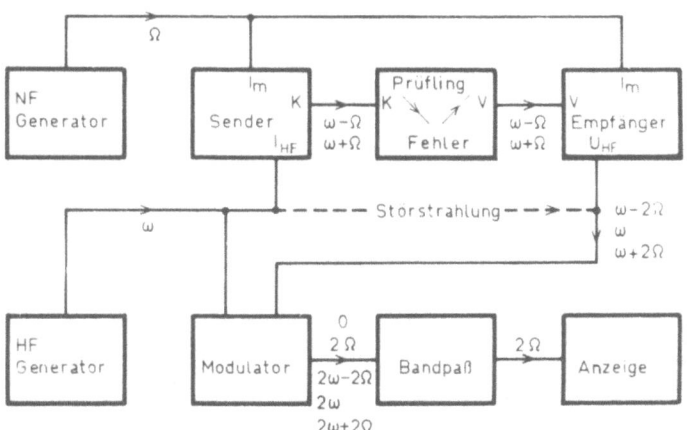

Abb. 1 : Der Signalfluß des untersuchten
Dauerschall-Prüfverfahrens

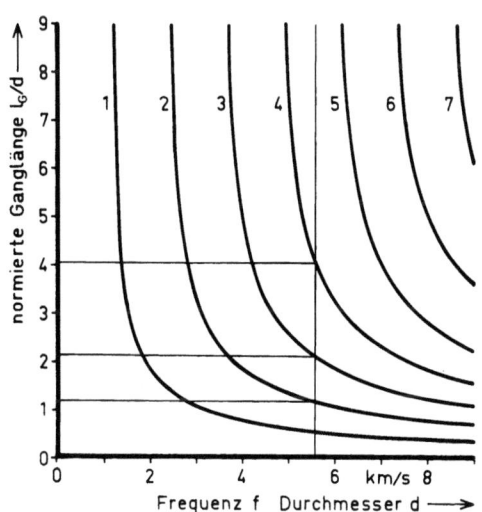

Abb. 2 : Normierte Ganglänge von Schraubenwellen
auf einem Aluminiumstab mit Durchmesser d.
Parameter: Periodenzahl m

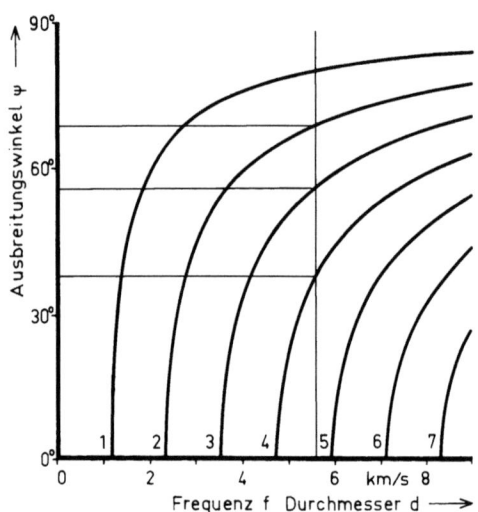

Abb. 3 : Ausbreitungswinkel von Schraubenwellen
auf einem Aluminiumstab mit Durchmesser d.
Parameter: Periodenzahl m

Abb. 4 : Wickelmaschine für die Herstellung von
Antennen für Schraubenwellen

Abb. 5 : In Mittelstellung selbstblockierendes
Schieberad-Wendegetriebe im Getriebekasten

Abb. 6 : Schaltfinger, Indexscheibe und zweistufiges
Wechselrad-Vorgelege

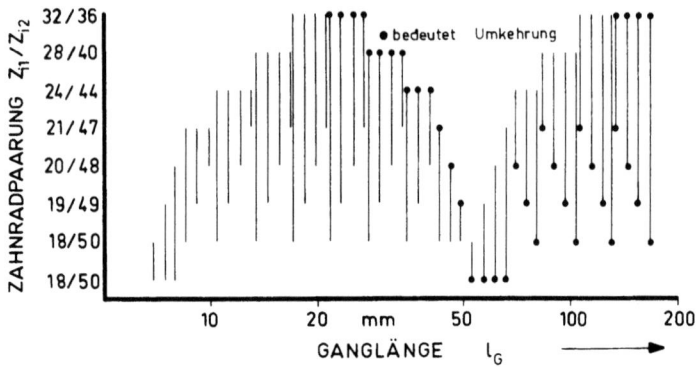

Abb. 7 : Logarithmisch gleichmäßig enge Staffelung der mit den Wechselradpaaren für das zweistufige Vorgelege einstellbaren Ganglängen. Die vertikalen Linien verbinden die zugehörigen Paarungen

Abb. 8 : Von der Leitspindel lösbarer Support mit justierbarem Magazin für Leiterbahnen

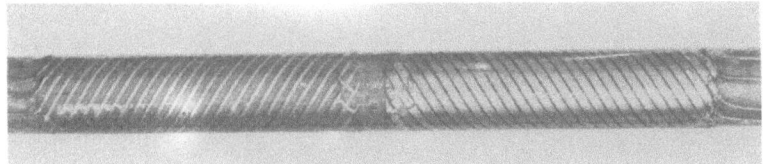

Abb. 9 : Linksdrehende Sendeantenne (rechts im Bild)
und rechtsdrehende Empfangsantenne (links im
Bild) mit je 22 mm ∅ und m = 3

Abb. 10 : Rechtsdrehende Empfangsantenne (links im
Bild) mit je 23 mm ∅ und m = 4

Abb. 11 : Rechtsdrehende Empfangsantenne (links im
Bild) mit 24 mm ∅ und m = 2

Abb. 12 : Linksdrehende Empfangsantenne (links im Bild)
mit 25 mm ∅ und m = 3

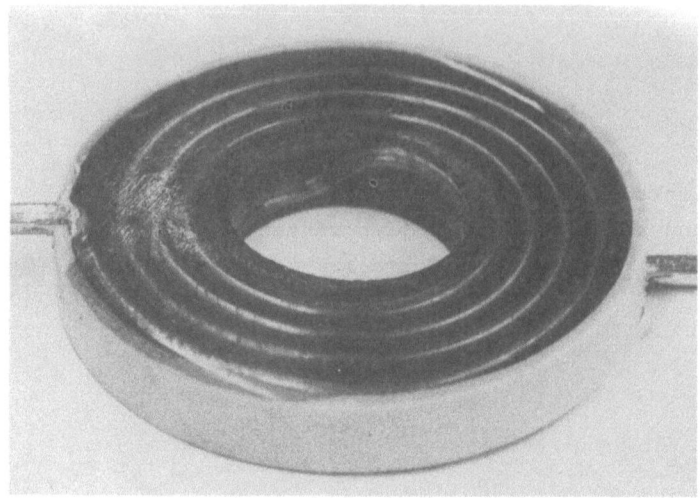

Abb. 13 : Vergossene Wicklungsscheibe aus zwei innen
zusammenhängenden Rohrspiralen mit je
3,75 Windungen

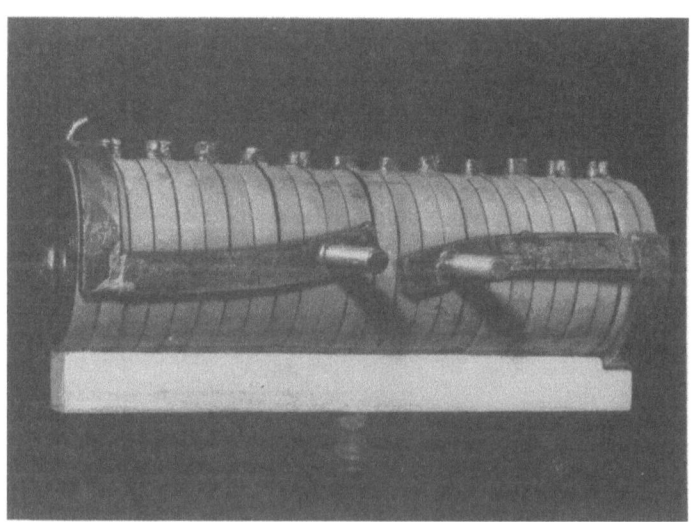

Abb. 14 : Aufbau der Magnetwicklung aus 25 Wicklungsscheiben. Die paarweise elektrisch verbun-
denen Rohrmündungen sind unten schon vom
Vorlaufverteiler verdeckt

Abb. 15 : Magnetjoch und Antennenanschlüsse an einer
Stirnseite des Elektromagneten

Abb. 16 : Seitliche Ansicht des Elektromagneten mit
den Zuleitungen für Strom, Kühlflüssigkeit
und die Antennen

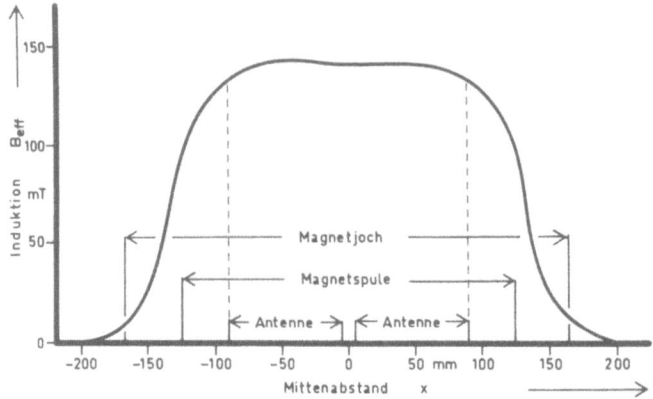

Abb. 17 : Axialer Verlauf der Induktion bei einer
Leistungsaufnahme von 3,5 kW. Die Lage
der Antennen, der Spulenwicklung und des
Magnetjoches sind zum Vergleich aufgetragen

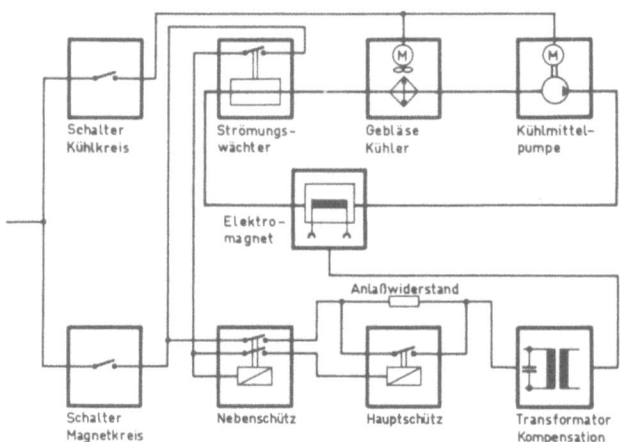

Abb. 18 : Blockschaltbild der elektrischen Versorgung
und des Kühlkreislaufes des Elektromagneten

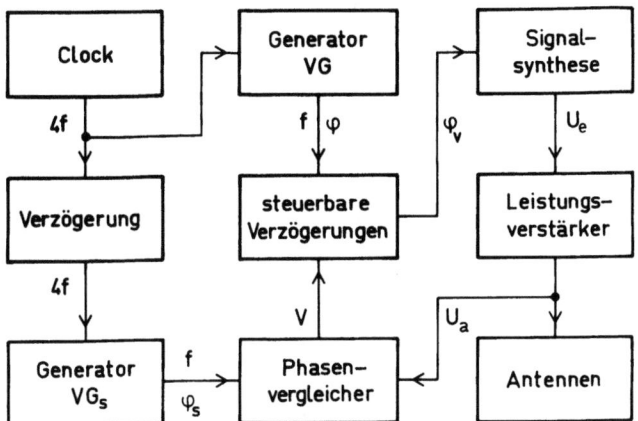

Abb. 19 : Blockschaltbild des Drehstromgenerators mit Phasenregelschleife

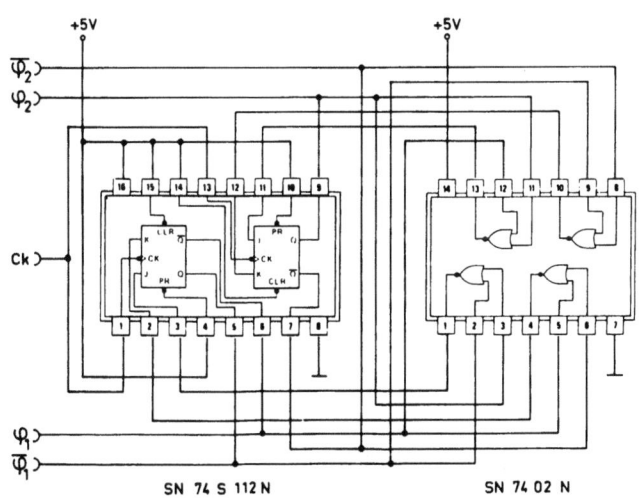

Abb. 20 : Schaltbild des Vierphasengenerators VG

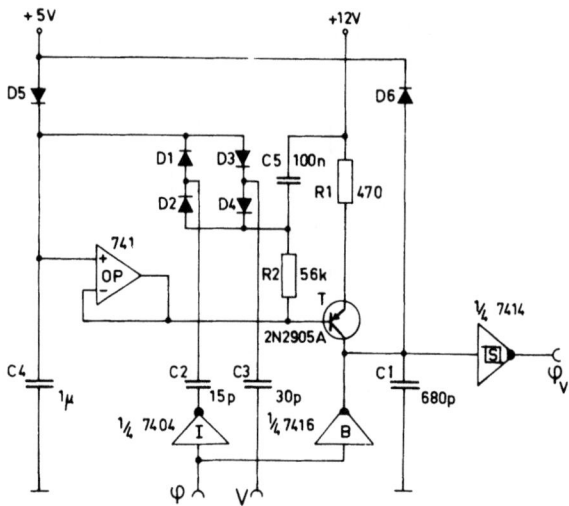

Abb. 21 : Schaltbild eines steuerbaren Verzögerungsgliedes

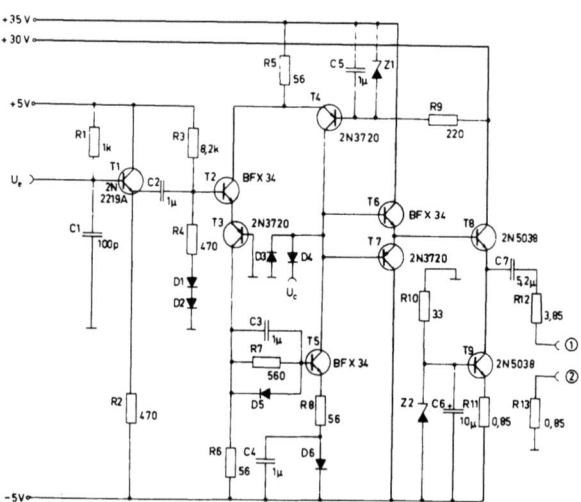

Abb. 22 : Schaltbild der Treiber- und Endstufen

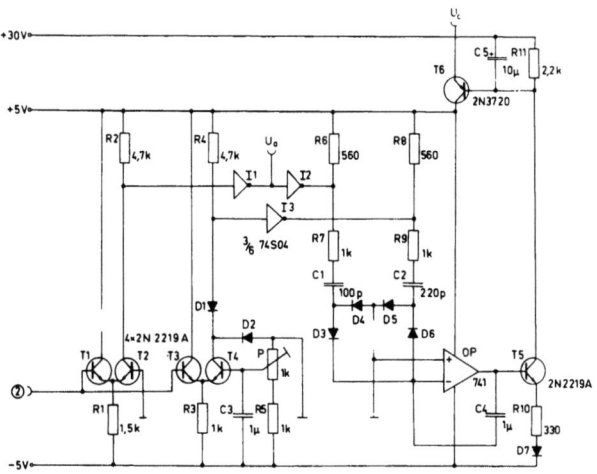

Abb. 23 : Schaltbild der Phasen- und Amplitudenkontrollen

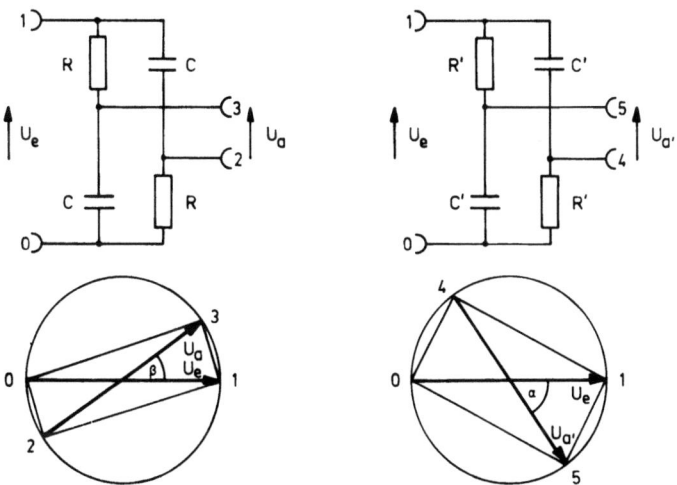

Abb. 24 : Zur Auslegung der Phasenschieber

Abb. 25 : Die Empfängerschaltungen für den
Richtempfang eines Mods

FORSCHUNGSBERICHTE
des Landes Nordrhein-Westfalen

*Herausgegeben
vom Minister für Wissenschaft und Forschung*

Die „Forschungsberichte des Landes Nordrhein-Westfalen" sind in zwölf Fachgruppen gegliedert:

Geisteswissenschaften
Wirtschafts- und Sozialwissenschaften
Mathematik / Informatik
Physik / Chemie / Biologie
Medizin
Umwelt / Verkehr
Bau / Steine / Erden
Bergbau / Energie
Elektrotechnik / Optik
Maschinenbau / Verfahrenstechnik
Hüttenwesen / Werkstoffkunde
Textilforschung

Die Neuerscheinungen in einer Fachgruppe können im Abonnement zum ermäßigten Serienpreis bezogen werden. Sie verpflichten sich durch das Abonnement einer Fachgruppe nicht zur Abnahme einer bestimmten Anzahl Neuerscheinungen, da Sie jeweils unter Einhaltung einer Frist von 4 Wochen kündigen können.

WESTDEUTSCHER VERLAG
5090 Leverkusen 3 · Postfach 300620

MIX
Papier aus verantwortungsvollen Quellen
Paper from responsible sources
FSC® C105338

If you have any concerns about our products,
you can contact us on
ProductSafety@springernature.com

In case Publisher is established outside the EU,
the EU authorized representative is:
**Springer Nature Customer Service Center GmbH
Europaplatz 3, 69115 Heidelberg, Germany**

Printed by Libri Plureos GmbH
in Hamburg, Germany